神行精灵卡布丁

——可可城堡

鹤 矾 著

童画小巫 贾 佳 绘

浙江人民美术出版社

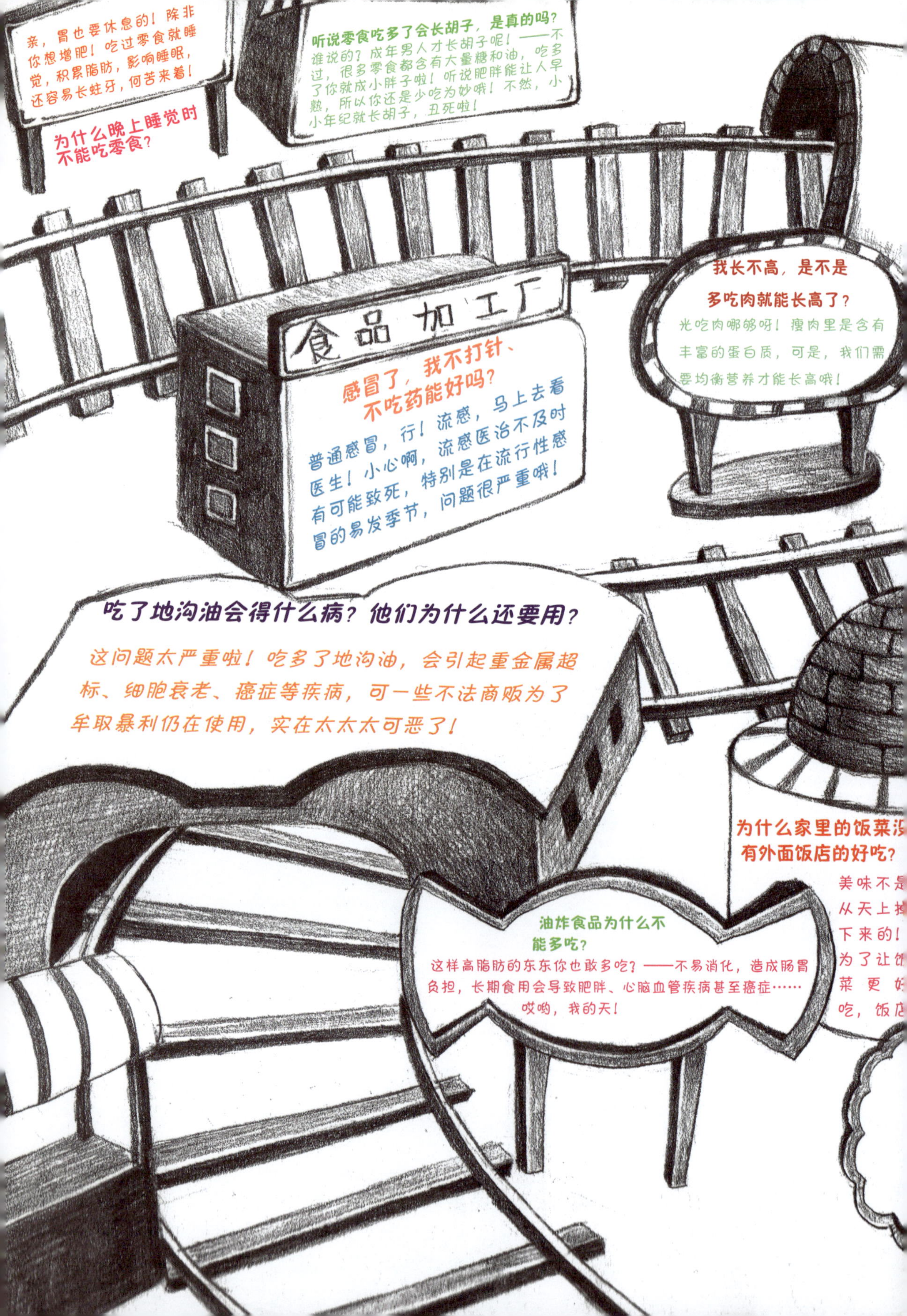
为什么晚上睡觉时不能吃零食？
亲，胃也要休息的！除非你想增肥！吃过零食就睡觉，积累脂肪，影响睡眠，还容易长蛀牙，何苦来着！
听说零食吃多了会长胡子，是真的吗？
谁说的？成年男人才长胡子呢！——不过，很多零食都含有大量糖和油，吃多了你就成小胖子啦！听说肥胖能让人早熟，所以你还是少吃为妙哦！不然，小小年纪就长胡子，丑死啦！
食品加工厂
感冒了，我不打针、不吃药能好吗？
普通感冒，行！流感，马上去看医生！小心啊，流感医治不及时有可能致死，特别是在流行性感冒的易发季节，问题很严重哦！
我长不高，是不是多吃肉就能长高了？
光吃肉哪够呀！瘦肉里是含有丰富的蛋白质，可是，我们需要均衡营养才能长高哦！
吃了地沟油会得什么病？他们为什么还要用？
这问题太严重啦！吃多了地沟油，会引起重金属超标、细胞衰老、癌症等疾病，可一些不法商贩为了牟取暴利仍在使用，实在太太太可恶了！
油炸食品为什么不能多吃？
这样高脂肪的东东你也敢多吃？——不易消化，造成肠胃负担，长期食用会导致肥胖、心脑血管疾病甚至癌症……哎哟，我的天！

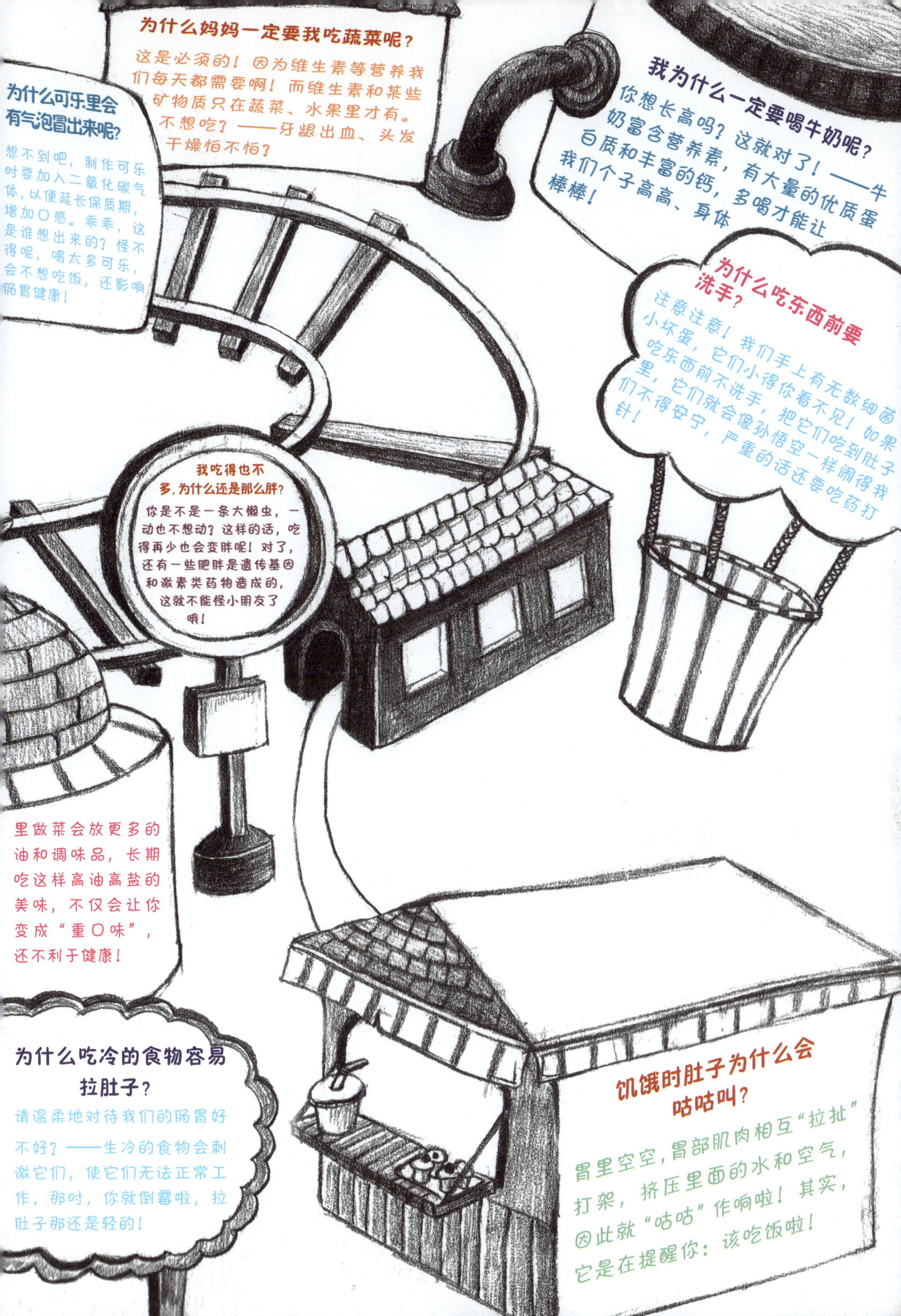
为什么妈妈一定要我吃蔬菜呢？
这是必须的！因为维生素等营养我们每天都需要啊！而维生素和某些矿物质只在蔬菜、水果里才有。不想吃？——牙龈出血、头发干燥怕不怕？
为什么可乐里会有气泡冒出来呢？
想不到吧，制作可乐时要加入二氧化碳气体，以便延长保质期，增加口感。乖乖，这是谁想出来的？怪不得呢，喝太多可乐，会不想吃饭，还影响肠胃健康！
我为什么一定要喝牛奶呢？
你想长高吗？这就对了！——牛奶富含营养素，有大量的优质蛋白质和丰富的钙，多喝才能让我们个子高高、身体棒棒！
为什么吃东西前要洗手？
注意注意！我们手上有无数细菌小坏蛋，它们小得你看不见！如果吃东西前不洗手，把它们吃到肚子里，它们就会像孙悟空一样闹得我们不得安宁，严重的话还要吃药打针！
我吃得也不多，为什么还是那么胖？
你是不是一条大懒虫，一动也不想动？这样的话，吃得再少也会变胖呢！对了，还有一些肥胖是遗传基因和激素类药物造成的，这就不能怪小朋友了哦！
里做菜会放更多的油和调味品，长期吃这样高油高盐的美味，不仅会让你变成“重口味”，还不利于健康！
为什么吃冷的食物容易拉肚子？
请温柔地对待我们的肠胃好不好？——生冷的食物会刺激它们，使它们无法正常工作，那时，你就倒霉啦，拉肚子那还是轻的！
饥饿时肚子为什么会咕咕叫？
胃里空空，胃部肌肉相互“拉扯”打架，挤压里面的水和空气，因此就“咕咕”作响啦！其实，它是在提醒你：该吃饭啦！

健康成长，从“口”开始

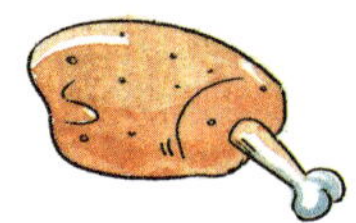

小朋友们，见过好“吃”的漫画书吗？——“神行精灵卡布丁”系列就是！进入鹤矾阿姨笔下的“可可城堡”，“好吃”的食品那是花样百出，应有尽有！喂喂，别乱吃！你得挑绿色安全、最让人放心的食品！

不容易啊！——啄木鸟食品安全中心的哥哥姐姐们历时一年多时间，终于把这系列的第一本——《可可城堡》奉上！小朋友们，跟着卡布丁、小墩墩等人到卡罗比星球到可可城堡逛一逛吧！食品安全很重要哦！

担心担心，危险无处不在呢！食物没烧熟而引起的中毒，人类为求暴利而用不良商品伤害我们的身体，我们自己嘴巴馋，爱吃油腻、高糖、高盐等不健康零食……小朋友们，健康成长，要从“口”开始哦！

小朋友们，太多人关心你们的成长啦！感谢浙江省、杭州市和西湖区三级科协系统对本系列童书的支持，感谢科信食品与营养信息交流中心的耐心指导，感谢浙江敦和慈善基金会给予的资金资助！

愿所有小朋友都有一个健康快乐的童年！

编委会

（一）神行小精灵

“救命啊！快来人啊！”

“求求你了，救救我吧！呜呜呜——”

坐在地上叫嚷的是一个古怪的小家伙。它的耳朵像一对小喇叭，机警地直竖着。它的脑袋圆滚滚光溜溜的，就像一个大皮球，这“皮球”上有三个小圆点，若把它们连接起来，就是一个倒立的正三角形。想不到吧，那上面的两个小圆点就是它的一双眼睛！别看它们小，在黑沉沉的夜里，它们都能把你看得一清二楚！下面的那个小圆点是它的嘴巴，刚才那惊天动地的哭喊声，就是从这小小的嘴巴里发出来的！

你问它的鼻子哪儿去了——它是神行小精灵卡布丁，专用皮肤呼吸，哪用得着鼻子呀！

最最奇特的是它的身子，又瘦又长，整个一根细木棍，真不知这细细的“木棍”是如何撑起它那圆滚滚的大脑袋的！

比身体更奇特的是它那条长尾巴，长得就像一根绳子！“绳子”末端还长着一撮金黄色的绒毛，看上去又像一支能够随意弯曲的毛笔！

“救命啊！救救我！”

它又尖着嗓子，号啕大哭。

别以为它遭抢劫了，这儿除了它自己，一个人都没有。不要说这儿，就是它所在的整个城市、整个星球，都没有一个活着的人了，没有一只活着的飞禽走兽，甚至没有一棵活着的大树、小草……

这是巴布比星球，一个沉寂的死亡星球，已经沉寂了整整100年！

（二）巴布比星球

从什么时候起，巴布比星球再也见不到阳光了？

开始时人们头顶的天空不再蔚蓝，整天一片灰蒙蒙。

然后，灰蒙蒙的天空又变成昏沉沉的黑夜，永远的黑夜。

最后，就是伸手不见五指了。

空气中的颗粒越来越大、越来越密集，阳光根本无法穿透一层层的雾霾、尘埃到达巴布比星球的地面。

起先大伙儿还说：“没事儿，我们可以用人造阳光。巴布比的科技如此发达，还有什么是我们做不到的？”

可是，人造阳光也穿不透那浑浊的固体一样的空气。人们越来越多地死于交通事故，死于踩踏事件，死于不小心的摔倒、坠落……当然，更多的是死于肺病，死于呼吸。他们每时每刻都在“吸毒”！——污浊的空气充斥巴布比星球的每一个角落，谁都逃不过，包括生命力极其顽强的小

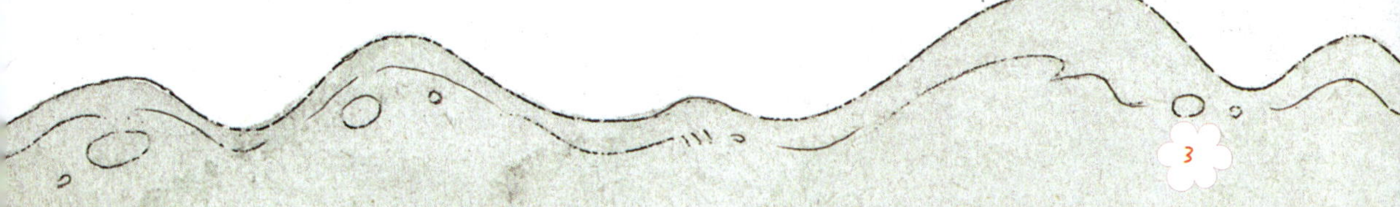

草，甚至挨过几千年风霜雨雪的大树。

巴布比星球上空的雾霾、尘埃是如此厚实、如此浓重，以致过了整整100年，这儿还是一片漆黑。

没有阳光，巴布比星球就像一座地狱。

（三）卡罗比星球

“呜呜呜——快来人啊！”

“呜呜呜——这鬼地方！”

卡布丁“哇哇”大哭，一刻不停，希望能“哭”出一个活物，哪怕是一只讨厌的小灰鼠，哪怕是一条可恶的臭虫。

早知道，它就依旧在西山森林过它的逍遥日子了。

早知道，它就乖乖地待在卡罗比星球，哪儿都不去了！

天知道它在西山森林的日子并不逍遥，卡罗比星球也不是个人间天堂。

这一年秋天，卡罗比星球的西山森林里一片寂静，鸟儿渐渐绝了踪迹，祖祖辈辈生活在这儿的神行小精灵也一个接一个地死去。

杀手是一种药水——“CC22”。

这是一种让虫虫们闻风丧胆的新型农药。

经过人类一年年的残杀毒害，果园、庄稼地、森林里的虫虫不知不觉炼就了一副“铜筋铁骨”，几乎百毒不侵了。可是，“聪明”的卡罗比人总是棋高一着，他们绞尽脑汁，最终研制出剧毒的“CC22”，虫虫只要

沾上一星半点儿，就必死无疑。

果然，这年秋天，虫虫几乎绝了踪迹，卡罗比人又一次获得了大丰收！

可是，喜欢吃谷物、虫虫的鸟儿们，喜欢吃水果的神行小精灵也开始走向了末路……

卡布丁的妈妈就是被“CC22”毒死的。那个秋日的下午，卡布丁找遍了整个西山森林，最后在一株青果树下找到了妈妈，它已经奄奄一息了。树上的果子，妈妈每一样都要先吃过，才敢让卡布丁吃；不然，它宁愿让孩子吃草根。

想不到，妈妈最终要为此付出生命的代价！

“别吃这儿的青果——”妈妈痛苦地呻吟着，“到高山上，到森林里，到没有人类的地方去……记住啊，你的尾巴能帮大忙……”

妈妈拼着最后一口气，说出了神行家族的一个重大秘密，就永远地闭上了眼睛。

“妈妈！妈妈！”卡布丁拼命地摇晃着妈妈的身体，“你睁开眼啊！你看看我啊！”

可是，妈妈再也不会回答它了。

卡布丁抹着泪水，孤独地在西山森林里游荡。除了草根，它什么也不敢吃。可是，那万恶的“CC22”最终也会渗进土壤、渗进草根的呀！

到没有人类的地方去？——卡罗比星球还存在没有人类的高山与森林？就连最高的山峰都住满了人，就连最偏远的森林都将变成城市，西山森林都快被他们整个儿侵占了！

算了，还是到巴布比星球去吧！爸爸妈妈常说那儿是人间天堂。

卡布丁找到最要好的小伙伴卡布比和卡布松，郑重宣布：“我要去巴布比星球啦！你们也去吧！以后，这儿也许连草根都不能吃了！……这样下去，我们都会饿死的！”

“等等！”卡布比倏地跳上一块岩石，指着遥远的天边，兴奋地说，“我也早想走了！我们去地球，那个美丽的蓝色星球！听说地球人都很聪明，也很友好，还很漂亮，手脚比我们还利索！听说地球上有许多森林，有吃不完的果果……可是——我们怎么去呀？”

看来，卡布比还不知道神行家族的重大秘密。

“我哪儿都不去！我死也要死在卡罗比星球！”卡布松紧紧抱着一棵大树，深情地看着脚下的草地。看它那样子，就像是一个顽固的恋旧的老精灵！

“我要去巴布比星球！”卡布丁坚决地说，“我爸妈说那儿是人间天堂，我爷爷的爷爷的爷爷就去过！”

说完，卡布丁转身就跑。

“巴布比星球算什么？地球，那个遥远的蓝色星球，才是真正的人间天堂！”卡布比冲着卡布丁的背影大喊。可是，卡布丁早就跑远了。

然而，当卡布丁站在巴布比星球的大地上时，它却发现，巴布比早已成为一个荒凉黑暗的死亡星球，任它怎么叫唤，都叫不来一个活着的生物。

突然，卡布丁全身奇痒。巴布比星球的毒气开始钻入它的毛孔了！别忘了，它是用皮肤呼吸的！怎么办？跑回卡罗比星球？卡布丁回头看看——它刚刚跨过的那道门已经消失得无影无踪了。再说，回去也只能饿肚子，也只有死路一条！那么，就留在巴布比星球？——那只有死得更快！

我的天哪，这世上就没有神行小精灵的活路了吗？要知道，它们本来能够活上500岁！

卡布丁突然记起小伙伴的话：“巴布比星球算什么？地球，那个遥远

的蓝色星球，才是真正的人间天堂！”

（四）来到地球

卡布丁抓过自己那根绳子一样的长尾巴，把那“毛笔尖尖”放到嘴里蘸了蘸，然后朝空气中画了几画——我的天，它眼前顿时出现了一道门！卡布丁大喊一声：“地球！”啊，奇怪的事情发生了！——门那边，白花花的阳光扑面而来，刺得它一时睁不开眼睛！

卡布丁迅速跨过这道奇异的门——哇哦，它来到了一个阳光明媚、苍翠欲滴的世界！蓊蓊郁郁的森林边上，粉色的独蒜兰一丛丛怒放，朱红的

杜鹃一朵朵钻出了枝头，白里透紫的鹤顶兰精神抖擞地在风中摇曳……哎呀呀，这才叫人间天堂！

当然，卡布丁是叫不出这些花儿的名字的。这是它第一次来到地球。它万分激动地亲了亲自己那神奇的长尾巴。妈妈临死时，拼尽全身力气，说出了一个天大的秘密："记住啊，你的尾巴能帮大忙——你想到哪儿去，只要用尾巴蘸蘸口水，画上一道门，大声说出那个地方，跨过门槛就到了……一定要记住：轻易不要用啊……"

卡布丁能不用那才怪！它在西山森林逛了两圈，跟小伙伴们告别后，就偷偷用它画了一道门，大喊一声："巴布比星球！"结果发现那边一团漆黑，它以为那是在黑夜，毫不犹豫地跨了过去——我的天，它竟然一头撞进了地狱……

但是，现在，卡布丁已经站在鲜花盛开的地球上了！而且还是在一座青翠的大山上！它轻轻地捋着自己那毛笔一样的长尾巴——想不到啊，它的尾巴还有这样的妙用，“神行小精灵”的名号原来是这么来的！以前，它还以为只是

因为它们跑得快呢！

可是，妈妈为什么不早些告诉它呢？它也从来没看到妈妈用过这一招啊？

其他神行小精灵好像也没用过。卡布比它们压根儿就不知道！

管他呢，不去想了！

地球，真是个人间天堂！怪不得小伙伴们都说地球好，只有老土老土的老爸老妈才念念不忘巴布比星球！

卡布丁在树林里跳上跳下，想摘个野果吃吃。它很饿很饿，很渴很渴。一口气逛了三个星球，哪能不饿呀？哪能不渴呀？可是，这些大树现在根本就不想结果子，只知道骄傲地展示绿油油的树冠。还好，卡布丁找到了一棵树，叶鞘就像个杯子，里面积了不少水。它伸出蜥蜴那样的长舌头，贪婪地

吮吸着，直到吸干最后一滴水。然后，它又跳上了另一棵大树，四处张望起来。突然，一阵浓烈的香气从树底下弥漫开来，钻入它的每一个毛孔。卡布丁的口水像瀑布一样奔涌出来，“叭嗒叭嗒”往下掉。

“下雨了？”树下，一个胖乎乎的小男孩把手里的炸鸡翅塞进嘴里，摸了摸后脑勺，含糊不清地说，“这雨怎么黏糊糊的？”

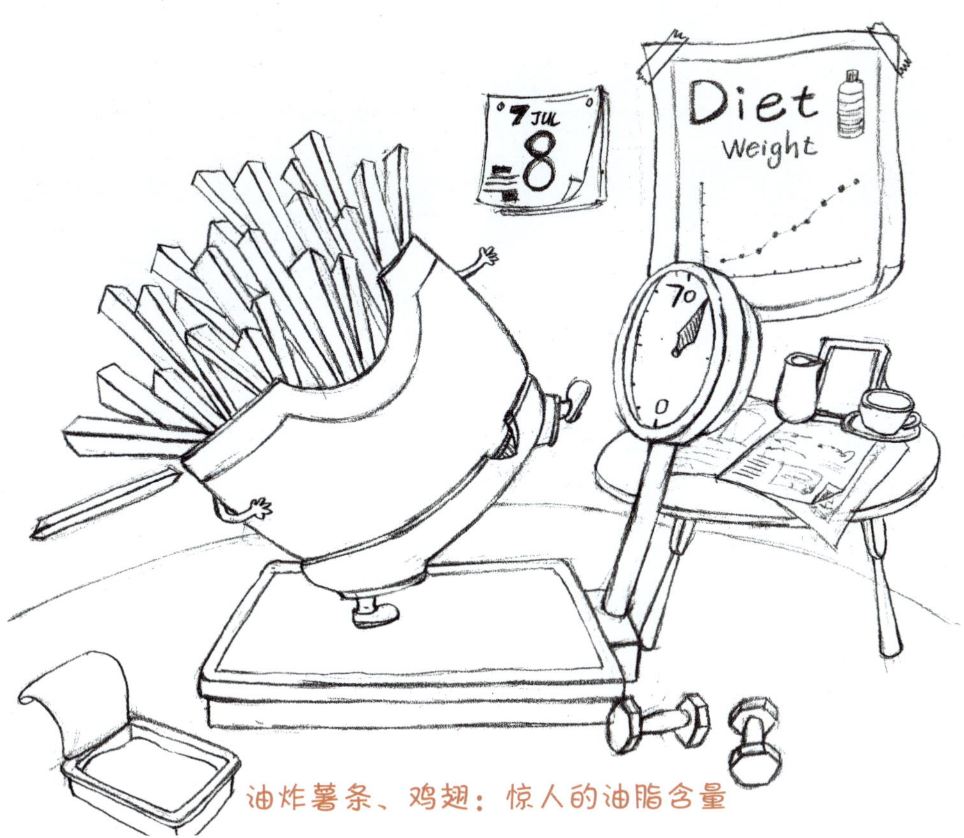

油炸薯条、鸡翅：惊人的油脂含量

少吃！少吃！除非你有意跟健康过不去！这是高油脂高热量的东东！一份小薯条的热量高达205千卡（相当于一碗半米饭），一对炸鸡翅的热量高达360千卡（相当于3碗米饭）！每人每天油脂摄入量不得超过25克，而一份小薯条油脂量高达30克，一对炸鸡翅油脂量高达23克！哎呀，我的天！

（五）大胖子小墩墩

树下的那个小家伙真叫胖呀——整个脸就像一个发酵良好的大面包，脸上的肌肉多得挤不下，都堆到脖子上去了；瞧他的脖子，跟脑袋一样粗！可怜他的一双眼睛，被肌肉挤得只剩两条缝，乍一看还以为他根本没长眼睛！两腮高高隆起，都快要超过他的鼻梁了；鼻梁下的大嘴巴却依旧很抢眼，因为这大嘴巴总是一刻不停地吃零食，不抢眼才怪！他穿着一件肥大的白汗衫，可这件白汗衫还是被他绷得紧紧的，胸口那个狮子王的头像已经严重变形；他穿一条滑稽的吊带裤，两条裤腿就像两个倒立的圆锥，假如没有吊带，他的裤子会在瞬间落到脚底！——想想他那两条倒立

圆锥一样的腿吧！

哦，这就是地球人。小伙伴们怎么都说地球人很漂亮很利索？胖成这样，能利索吗？

卡布丁瞧着瞧着，突然间胆子大了好几倍。它“扑”地跳到小男孩跟前，大声嚷嚷：“喂喂喂，还有吃的吗？分我一点哦！”

小男孩当然听不懂他的外星语言。“什么东东！”他吃惊地瞧着卡布丁，慌慌张张地往后退去，突然间被脚下的树根一绊，“砰”的一声，摔了个结结实实的仰天跤。

哎呀呀，怪不得他这么笨，看看他躺在地上的那模样——肚子高高隆起，就像一座山；大腿粗得就像两截木桩！

“救命啊！”小男孩像只肚皮朝天的大甲虫，慌乱地挥着手蹬着脚，一时间竟翻不过身来。

呵呵，太好了！卡布丁正好趁此机会找点儿吃的。

树下铺着一块漂亮的花布，上面扔着许许多多好吃的东东！卡布丁抓过一根炸油绳就咬——什么味道？很像卡罗比星球上的泥土，不过比泥土脆，比泥土甜，还有一种奇怪的香味。但卡布丁更喜欢卡罗比星球上的泥土香。

哎呀呀，有果果就好了。卡布丁最喜欢水灵灵的果果了。它扔下炸油绳，

到处翻找起来。渴死了，喉咙快着火了。从来没这么渴过！这是怎么啦?

“小墩墩，你怎么啦？”

“出什么事了？”

树林里传来一阵急切的呼喊声，卡布丁立即“倏”地钻进一个敞开着的书包，把自己整个儿藏了起来。可是，它实在按捺不住强烈的好奇心，又偷偷地探出了脑袋……

我的天，这两个也是地球人？地球人与地球人之间差别可真大呀！

跑在前头的男孩简直像根竹竿——整个儿皮包骨头，风一吹就要倒的样子，让人感觉地球正在闹饥荒。他后头的那个小女孩长得倒很养眼——红扑扑的圆脸蛋上，一双水汪汪的大眼睛好像会说话；长长的睫毛忽闪忽闪的，就像两把小小的扇子，卡布丁几乎感觉得到那“扇子”扇出的“凉风”！

他们俩“嗨哟嗨哟”地把小墩墩扶了起来。瘦男孩气喘吁吁地说：“看你看你，就爱吃炸鸡翅炸薯条，硬把自己吃得这么胖，翻个身都

难！”

“胖比瘦好！”小墩墩嘻嘻笑着，“大伙儿都叫我小墩墩，多亲切呀！听听他们怎么叫你——排骨，铅条儿，竹竿……”

是的，小墩墩原名庞敦，可大伙儿一瞧他那样儿，马上替他改成“胖墩儿”；而瘦男孩原名林谦谦，多好听的名字，可大伙儿偏偏叫他小铅条！

“我们三人除了小果果，就谁也别说谁了！”小铅条指指小女孩，一下红了脸。

小果果当然就是这个漂亮的小女孩，她原名李苹果。那圆圆的小脸蛋不就像只粉红的大苹果！在梧桐镇梧桐小学，她可是个出了名的小天使，简直人见人爱。

就在这时，小果果突然发现有个古怪的小东西正目不转睛地盯着她看。

那小东西太怪异了！

小果果立即逃到小墩墩身后，指着卡布丁，结结巴巴地说：“你——你们看——”

“啊！”小铅条一声尖叫，也赶紧躲到小墩墩背后。

小墩墩无处可躲，只能哆哆嗦嗦向后退去：“什么——什么东东！装神弄鬼的，吓唬谁？”

卡布丁看他们那畏畏缩缩的样子，索性整个儿跳到地面上，拍拍肚皮，大声吆喝：“地球上的树木都不长果果吗？我要吃果果！”

三个小家伙你看看我我看看你——哟，这小东西还会说话！

小铅条自作聪明：“它说它很高兴认识我们！”

小墩墩回过头，生气地说：“什么呀？——它是说：你们这两个胆小鬼！”

苹果的营养价值

苹果是普通的水果，也是大自然慷慨的馈赠！富含碳水化合物、水分、膳食纤维、钾等，可帮助消化，缓解便秘，对消除水肿也有一定作用……没听说这句谚语吗？——An apple a day, keeps the doctor away！百姓把它当医生看待呢！

（六）住手呀，它要断了！

没几分钟，卡布丁就和三个地球小屁孩亲亲热热地围坐在大树下。小果果紧紧抱着卡布丁，谁也不让碰一下。

孩子们熟得可真够快的，即使他们来自不同的星球，来自不同的物种。

卡布丁一下就把他们带的水喝了个精光。现在，它很享受地躺在小果果的怀里，“啊呜啊呜”地吃着一个大红苹果——哇哦，香呀，甜呀，脆呀，每个毛孔都舒畅呀！地球人真是太热情啦！等它吃饱喝足，它要回卡罗比星球一趟，看看卡布比、卡布松它们，它要把它们统统带到地球来！

“你是什么东东？你长得好怪哦！”小铅条看看卡布丁，又看看小果果，可怜巴巴地哀求，“让我抱一分钟好不好？就一分钟！”

“你长得才怪！整个一根铅丝！”小墩墩一把拉开小铅条，严严实实地堵在他跟前，伸手就抢卡布丁，“给我，轮到我玩了！——哈哈，好一个智能玩具，就像活的一样！”

他也不待小果果点头，双手叉住卡布丁的腋窝往上一提，把卡布丁整

个儿提了起来。他这人呀，什么都好，就是嘴太馋，性子太急。

小果果紧紧抓住卡布丁的双腿，又哭又喊：“放开！放开！强盗！强盗！呜呜呜——”

卡布丁被他们越拉越长，越拉越长，本来木棍一样的身子，现在几乎变成一条绳子了！

“住手！快住手！”小铅条指着卡布丁，失声尖叫，“它它它——变成一条线啦！”

他们俩吓得立即松了手。

卡布丁“扑”地掉到了地上，身体马上恢复了

原状。它站直了，把小眼睛撑得老圆老圆，那细长的尾巴就像一根天线那样，绷得挺直挺直。很显然，它生气了。

三个小伙伴张大了嘴巴，半天说不出一句话。

“它——它——是橡皮玩具！”小墩墩挠了挠头，结结巴巴地说。

“哼，你才是玩具！”小果果生气地白了他一眼。她试探着走上前，摸摸卡布丁的脑袋，讨好地说：“你一定是小精灵，对不对？”

“地球人坏蛋！我要灭了你们！”卡布丁拼命躲过小果果的抚摸，愤怒地挥挥拳头，“要知道，我是了不起的神行小精灵，我一口气逛了三个星球！”

“哈哈，你错了吧，瞧它那生气的样子！它说它是玩具，听到了没

有？”小墩墩激动地举了举拳头，“它就是玩具！”

“什么呀！——它说自己是小精灵。哼！”小果果把嘴一噘，歪过脑袋，再也不理小墩墩。

“都不对！它说它疼死了！”小铅条说完，悄悄地走到卡布丁身边，心疼地抚摸着它那木棍一般的身子，好像被拉长的是他自己。

（七）《汉字的故事》

卡布丁乖乖地蜷缩在小铅条怀里，就像一只温顺的小狗。

小铅条抓住书包底部，往上一提，五颜六色的果冻下雨一般落到卡布丁跟前。

小果果和小墩墩竞赛似的红了脸，把书包里的水果零食一股脑儿送到卡布丁面前。

卡布丁很满意地点了点头：“这还差不多！要知道，我是来自巴布比星球的神行小精灵，我一口气逛了三个星球！”

“是的是的，你说得太对啦——他们俩真可恶！”小铅条赶紧点点头，“瞧他们俩干的好事，咱不跟他们玩！”

小果果瞪了小铅条一眼，把一个剥了皮的熟土豆送到卡布丁嘴边，又殷勤地献上一只大鸭梨。

“吃我的吃我的！”小墩墩一把推开小果果，把一筒香香脆脆的炸薯片送到卡布丁眼前。

卡布丁生气地瞪了小墩墩一眼，抓过小果果手中的鸭梨大吃大嚼起来，边吃边嘟哝：“好吃好吃！这么多水！哎哟，渴死我了！给我一条河，我也能把它喝干！”

小铅条拼命点头：“不用谢不用谢，这是我们应该做的事！回家让我

土豆与炸薯条：相同的出身，不同的结局

当我还是土豆时，不仅营养丰富，还可以做出多少美味菜肴！——烤土豆、煎土豆、红烧土豆、土豆泥、土豆丝……听听这些名字，就让你滴口水了吧？可当我变成炸薯片、炸薯条时，惨啊！——营养价值大大流失，维生素被破坏，还吸收了大量油脂……什么？你还是很喜欢吃？当心长胖！

妈给你买一筐鸭梨！”

小果果瞪大了眼睛，像看外星人一样看着小铅条。她很奇怪，这个小东西说些什么，她压根儿听不懂，小铅条怎么就能直接对上话呢？她还是班里的语文课代表，每次语文测试，她总是稳拿全班第一！

她就不信这个邪了！

小果果从书包里翻出一本破破烂烂的书，举到卡布丁跟前，大声说：“不管你是谁，你这个学生我是收定了！从现在开始，我教一

个字，你学一个字，别再那样叽里咕噜的，说的啥玩意儿！”

小墩墩和小铅条闭着眼睛也知道那是什么书。不就是《汉字的故事》嘛！这本书从幼儿园开始她就一直随身带着，都快被她翻烂了。都二年级了呢，还认那么简单的汉字，白痴一个！

“你们懂什么？”小果果拿起《汉字的故事》，在他们面前扬了扬，生气地说，“这本书从图画到甲骨文到小篆到楷书，演说汉字的起源和变化，可有趣了……每个汉字背后都有一个生动的故事！懂都不懂，就讥笑

人！”

小墩墩和小铅条齐刷刷瞪大了眼睛，异口同声地问：“我们讥笑你了吗？”

（八）小墩墩不见了！

真别小看那本破破烂烂的《汉字的故事》，卡布丁一下子就学会了山、水、虫、鸟、鱼等简单的汉字。这些东西卡罗比星球上也都有，《汉字的故事》就是从图画开始解说汉字的，很有趣，很好记，卡布丁认得津津有味。

美中不足的是，它没有鼻子，读音很怪，三个小伙伴笑得前仰后合。

“哈哈哈，有趣有趣！”卡布丁挣脱小铅条的怀抱，一个跟斗翻到树枝上，“山，水，虫，鱼……那好吃的红果果绿果果还有没有？我还要吃！”

“看你看你，把它吓跑了不是？听听吧——”小铅条模仿卡布丁的语气大喊起来，“我不学习！我不学习！谁再逼我念‘山水虫鱼’，我就上吊！”

小果果和小墩墩吓了一大跳，那语气，那神情，实在有点像啊！他真的能听懂那叽里呱啦的鸟语？

小铅条猛地一摇树枝，卡布丁一个站立不稳，一头往下栽去，不偏不倚，正好栽到小铅条怀里。

“这活宝归我啦！”趁小果果和小墩墩都没回过神来，小铅条抱起卡布丁就跑。他一直想养一只宠物，可妈妈就是不让。但是现在，他养定了！

“站住！站住！它是我的！”小果果奋起直追。

“切！它碰都不让你碰呢！”小铅条边跑边回头。

“喂喂喂，等等！我这包里的零食都归你们，这小东西归我，如

鸭梨的营养及药用价值

我是不是与苹果有得一拼？——富含B族维生素，能保护心脏，减缓疲劳，增进食欲！我还有配糖体及鞣酸等成分，能祛咳止痰，保护咽喉！学习疲劳了，吃我！雾霾天，吃我！不想吃饭，先吃我！

何？”小墩墩跑不动，只好扯开喉咙大喊，“炸薯条炸鸡翅炸牛排，又香又脆，保证你们吃了还想吃！”

这个小馋猫，自己爱吃零食，就以为天下人都爱吃，真是被零食塞了脑袋了！

“留给你自己吧，垃圾食品，谁稀罕！”小铅条跑得更快了。

他们径直往山下狂奔，连书包都不要了。以小墩墩的速度，想要赶上他们，那真是白日做梦。

太欺负人了！根本就不把他放在眼里嘛！

“站住！站住！”小墩墩本来就性急，这下更是火大，又跳又蹦又喊又叫，一刻不停。突然，他一脚踩空，整个人直往下陷进去！

“啊——”

听得这一声惨叫，小苹果和小铅条立即住了脚，惊愕地回过身来——我的天哪，小墩墩不见了！草地上凭空出现一个大窟窿！

小铅条立即扔了卡布丁，直冲上前：“小墩墩，你怎么啦？”

小苹果惊恐地喊：“小墩墩，你在哪儿呀？”

他们俩面面相觑：小墩墩有那么重？——草地被他一踩一窟窿！

（九）掉进奶油池

“啊——”

这下死定了，肯定要变成一堆肉饼了！小墩墩惊恐地闭上了眼睛。

“扑”的一声，小墩墩全身一震——啊，他“着陆”了！他没摔死，而是栽进了一堆泥浆里！

可是，他太重太重了，身子又开始往下陷，越陷越深，最后除了脑袋，整个人都被埋了起来！

且慢，这泥浆怎么有奶油的香味？还有，泥浆怎么会是这样斑白的颜色？不，是雪白雪白的！那斑点是洞顶的泥块，是跟着小墩墩一起掉下来的。

小墩墩伸出舌头舔了舔——嘿，可不就是奶油嘛，又香又甜，好吃好吃！哇哦，整整一池奶油！这是在哪儿呀？

管他是哪儿，反正是老鼠掉进米缸里了！小墩墩可喜欢奶油了，他才不相信奶油会把他淹死。他张大嘴巴，大口大口地吞咽起来……哈哈哈，他为自己赢得了不少空间，呼吸也越来越顺畅，信不信他能把这些奶油都吃光？

谁能料到，他吞咽的速度竟赶不上他下陷的速度。不一会儿，奶油就封住了他的嘴巴，很快又漫过了他的鼻子！他拼命挣扎，想露出头来，突然，一阵急促的脚步声响起，一桶奶油当头浇下，他就什么也看不见了。

“喂，慢着，里头好像有个人！”隐约听得一个男人在说话。

“开玩笑！奶油池里怎么可能有人？快搭把手，把这一桶也倒下去！”另一个男人粗声粗气地说。

“真的有人！你看奶油在翻滚……来人啦！来人啦！救命呀！”

整整15个彪形大汉，费了九牛二虎之力，才把小墩墩从奶油池里拖出来。但那一池奶油是彻底毁了。本来雪白雪白的奶油，现在变得斑斑点点，灰不溜秋。

“你这小子，没事跳进奶油池干什么？想偷吃，门儿都没有！”一个胡子拉碴的大男人指着小墩墩的鼻子，恶狠狠地喊，唾沫星子都溅到他脸上了。

这真是天大的冤枉。小墩墩哪是主动“跳”进去的？都是那泥土不结实，被他一踩一窟窿……

小墩墩根本搞不明白他现在在哪儿，也弄不清楚现在到底发生了什么事儿，他一把一把地刮着脸上、头上、身上的奶油，大口大口地吃进嘴里，终于把自己整出了个人样儿。现在，他也看清楚了站在他面前的这些人——全是彪形大汉，每个都双手叉腰，虎视眈眈，好像要把他给生吞了。

小墩墩一步步后退，语无伦次："你们……我……不故意……"

“有心也好，无意也罢，反正，赔我一池奶油，不然……”大胡子男人一步步逼上前，一边走，一边捋起了袖子，看那架势，好像要把小墩墩揉成浆，捏成粉。

（十）跳进奶茶河

三十六计，走为上策。

小墩墩转身就跑，边跑边喊："救命啊！救命啊！"

这回他失算了。他这个大胖子，哪跑得过那几个身强力壮的大汉？不一会儿，大胡子就从后头抓住他的衣领，大吼一声："再跑，把你扔河里喂鱼！"

没错，前头是有一条小河，还翻着乳白色的浪花。奇了怪了，这地底下竟这样宽敞明亮，还有这样奇怪的河流！

小墩墩这回是存心拿自己去喂鱼了，他猛一使劲儿，挣脱大胡子的手，向着小河狂奔过去。大胡子奋起直追，边追边喊：“快！他太胖了，我一个人抓不住他！”

十几双手同时伸向了小墩墩！说时迟，那时快，突然，小墩墩纵身一

跳，“扑通”一声落入水中！

大汉们面面相觑。大胡子吓得脸色苍白，猛喝一声：“傻愣着干什么？快救人呀！”

但是，他们没有一个会游泳的，只能跟着小墩墩往下游瞎跑。

小墩墩拼命划着手脚，可是他竟浮不起来！他小时候学过游泳的，虽然好久没游了，但技艺还在的呀！这是怎么回事？

“救命啊！”小墩墩浮出脑袋，拼命挥手，可是马上又沉了下去，“咕噜咕噜”地喝了好几口水，差点儿没把自己呛死！

想想也是，他那么胖那么重，草地被他一踩一窟窿，在水里哪能浮得起来？

“快快快，他在那儿！”

大汉们一路紧追，有一个跑得快的，甚至蹚进水里，揪住了小墩墩的衣服。可是，小墩墩太实沉了，他不仅没把小墩墩拉上岸来，反而自己被拖进了河里！

“快快快，又一个进去了！”岸上的人们大呼小叫。

小墩墩被冲到河中央，又“咕噜咕噜”喝了好几口水。他的眼睛什么都看不见了，脑袋也越来越糊涂，只觉得河水味道很不错，很像奶茶……他喜欢喝奶茶……

奶茶是怎么做出来的

路边的奶茶大部分不含牛奶和茶叶成分，跟草原传统的奶茶不一样哦！路边奶茶店的奶茶，大多数都是由香精、色素等添加剂勾兑出来的，大家甚至可以自己做，按照这个方子：奶精＋果味粉＋甜蜜素＋香精＋色素＋水——你也可以配制出一杯香喷喷的奶茶！

（十一）可心·姐姐

“醒醒，快醒醒！”这是在哪里?

小墩墩睁开眼，发现一个长着瓜子脸的漂亮小姐姐正轻轻地拍他的脸。他躺在一张超级柔软的小床上，身上盖的被子飘着一股好闻的烤肉香——他这人就这样，什么时候都能想到吃的！那床被他的大块头一压，中间深深地凹陷下去，就像一个巨大的鸟窝。

不对呀，这床也飘散着刚出炉的面包的香味儿。小墩墩不饿，但闻到这香味儿就很想吃。他不由自主地握住床头的一根小柱子，轻轻一掰——我的天，真的被他掰下来了！他试着塞进嘴里——哇，又松又软又可口，可不就是面包做的！小墩墩不由得抓过被子，用力一咬——没错，这被子是肉松织成的！

这样看来，那条差点儿把他淹死的小河，一定就是奶茶河了。那样汹涌澎湃的，里头该流着多少奶茶呀！直到现在，他的喉底还冒出一阵阵奶茶香！他喝了多少河水？

还有那个奶油池，那么大那么深，够全世界做蛋糕和冰淇淋了！

今天，他赚大了！

哈哈哈，有这样的好地方？——那么多那么多好吃的东西包围着你，一不小心，就会被各种各样的美食淹死！

“吓死我了，你睡了一天一夜呢！你这个小馋鬼，一睁眼就知道吃！”漂亮小姐姐说着，捧过一堆衣物，“喏，这是你的衣服，都烘干了。”

我的天，他原来一丝不挂呢！刚刚尽顾着吃了！小墩墩赶紧穿好衣服下了床，结结巴巴地问：“我……我……这是在哪儿——”

“你在可口可心城堡，就是可可城堡。”小姐姐温柔地替他理了理衣服，就像个慈祥的妈妈，“我是可心坊的可心姐姐，有什么麻烦事，找我哦！”

“‘可口可心’？什么意思呀？”小墩墩团团转着，一脸疑惑。

“哎呀呀，这都不懂！”可心姐姐亲昵地刮刮他的鼻子，“这儿有许许多多好吃的好玩的，让小朋友吃得快乐，玩得开心，所以就叫可口可心。”

“哦——耶！”小墩墩直跳起来。这不是老鼠掉进米缸里嘛！吃，他的最爱！玩，他的最爱！他有好多好多最爱！

（十二）可心坊

好一间可心坊，几百米外就能闻到那沁人心脾的甜香！里头的玩具、

摆设都是巧克力做的，就连雪白的墙壁，都飘着巧克力的浓香！墙壁上挂着一幅由彩色糖果拼成的世界地图，你可以随手掰一个“国家”吃吃。玻璃罐里形形色色的蜜饯，闪烁着红宝石、绿宝石、蓝宝石的光芒，散发着

蜂蜜的浓香……

在这样美妙的屋子里工作，该是多么幸福的一件事儿啊！

可心姐姐递过一块牛奶巧克力，亲切地说：“吃吧吃吧！以后常来逛

哦！”

小墩墩一边嚼着巧克力，一边到处逛了起来。他发现，这儿一间可爱的卧室连着一间可爱的零食铺子，每一间铺子都打扮得很卡通很热闹，让人恨不得一下子就把所有的铺子都逛个遍，把所有的零食都吃个遍。卧室

就布置得更有“味道”啦，就拿眼前的这一间来说吧——沙发和小床一个样，都是弹力十足的大果冻；窗口那些色彩缤纷的花朵，原来都是嘎嘣脆的炸薯片；还有还有，地板上的积木，全是香喷喷的巧克力块；头顶上那漂亮的大吊灯，是由许许多多南瓜饼串起来的；墙上那些好看的画儿，竟都是用各种各样好吃的糖果和饼干拼贴而成……

小墩墩这儿跑跑，那儿摸摸，时不时掰点糖果饼干什么的塞进嘴里。

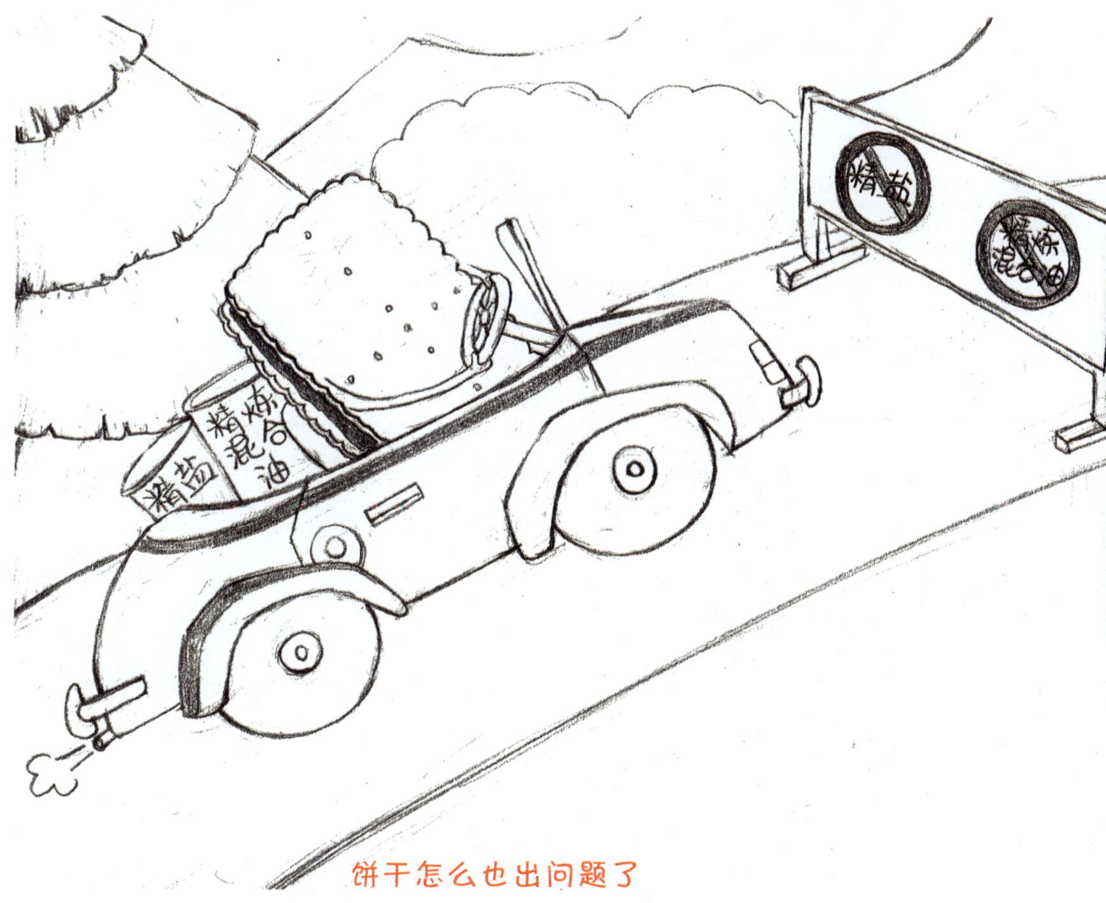

饼干怎么也出问题了

别吓人！这东东我经常吃！哈哈，别怕，饼干种类很多的，其中奶油饼干、苏打饼干、夹心饼干之类的含油、含糖都特别高，苏打饼干含盐量也很高哦，长期吃对健康不利！

哦哦，我少吃还不行吗？

平时在家，爸爸妈妈老是这也不许吃那也不许吃，如果不是爷爷奶奶总是偷偷往他书包里塞零食，他真要馋死了！想不到啊，有朝一日，他会来到这奇异的可可城堡，要吃啥就有啥，爱玩啥就玩啥，没有烦人的作业，没有烦人的唠叨！

“小墩墩，回来呀！”可心姐姐在可心坊向他招手，她手里还拿着一包花花绿绿的糖果。

可心姐姐对他真是太好了呀！

（十三）没有钱？请付时间！

可是，小墩墩一跑进可心坊，立即见了鬼一般，转身就逃。

可心坊里还坐着一个人——奶油池边上的大胡子男人，他一定是讨债来了！

哎哟哎哟，小墩墩刚刚尽顾着可心姐姐手里的糖果了！

这么说来，可心姐姐跟他是一伙的？

大胡子三两步就赶上了小墩墩，抓住小墩墩的衣领，一把拎起——不，他没拎起来，小墩墩太重了，他拎不动。

他真是健忘。他领教过小墩墩的分量的！

“你这小子，你搅黑了奶油池，搅黄了奶茶河，现在听说又吃了肉松被子面包床，还有糖果地图饼干画……说说吧，该赔我们多少钱！”大胡子愤怒地挥着拳头，大声嚷嚷。这个时候，他的记性倒是好得很。

什么？这些东西都要钱？小墩墩以为都是白送的呢。还是妈妈说得好

啊，天下没有免费的午餐。可是，他兜里没钱，钱都在书包里，书包现在一定与小铅条、小果果还有那个会说话的弹簧玩具在一起……

可是，这大胡子好不讲理！那样大的奶油池，那样汹涌澎湃的奶茶河，他一个人能搅黑搅黄吗？还有这面包床，他只不过吃了一根小小的柱子；至于肉松被子，他也就咬了小小的一口……

“干吗吓唬小孩子？”可心姐姐赶紧搂过小墩墩，把糖果塞到他手里，柔声说，“没钱没关系，小朋友们身上什么东西都值钱，比如好听的

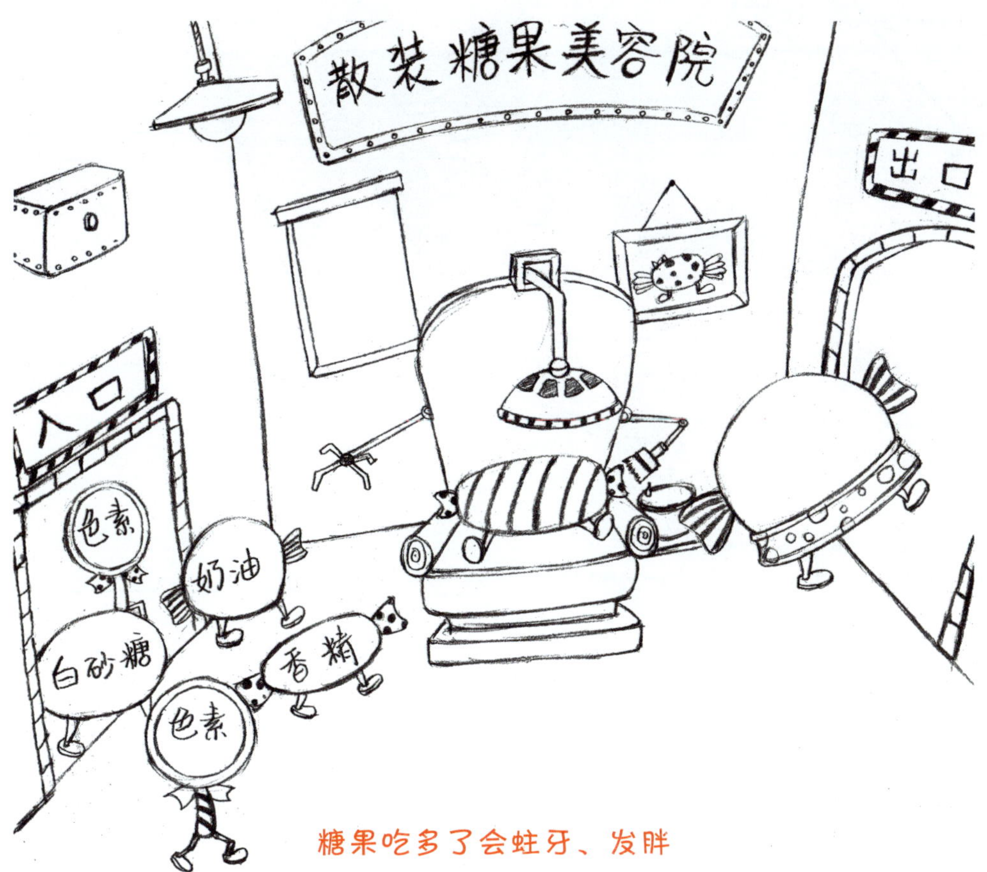

糖果吃多了会蛀牙、发胖

说来话长！知道糖果是什么做成的吗？——白砂糖、色素、香精、奶油、巧克力……这些东东吃得过多，确实容易导致蛀牙、发胖。注意：那些艳丽夺目的糖果，吃多了还会影响小朋友的记忆力！

童声，奇妙的童心，还有宝贵的时间……”

“好好好，那就把我的童声拿过去吧！”小墩墩慷慨地张大了嘴巴，指指自己的喉咙。人人都说他爸爸的声音很有磁性，非常好听，他巴不得现在就变成那样的声音。

“什么童声童心，我只要时间！没有钱？请付时间！”大胡子不耐烦地摆摆手。

“好吧好吧！”可心姐姐又亲昵地刮刮小墩墩的鼻子，“那我们就付时间吧！”

可心姐姐把小墩墩带到一个金碧辉煌的大厅，来到一个高高的柜台

前，对一个小眼睛美女说：“可笑姐姐，你测一下这孩子有多少时间库存。他叫庞敦，一个顶顶可爱的小家伙！”

紧跟在后头的大胡子马上叮嘱了一句：“他给我们造成的损失，我已经同你说过了！”

可笑姐姐点开电脑桌面的“时间银行”，输入“庞敦”二字，并让小

墩墩把手放在一个发光的平板上，平板马上吐出了一张卡，卡上用六种语言镌刻着“庞敦”这个姓名。小墩墩只看懂了两种——中文和英文。

可笑姐姐把电脑屏幕转向小墩墩，上头显示：储蓄余额，120年。

“你真是个大富翁呀！还有整整120年的时间可以挥霍！哈哈，接下

来你爱干吗就干吗吧！”可笑姐姐哈哈大笑，她的眼睛变得更小了，远远看去，还以为她原本就不长眼睛呢。

可笑姐姐还帮小墩墩设了密码，然后，她用双手把卡郑重地交给小墩墩，很夸张地叫道：“拿去吧，简直就是一个金库呢，够你花一辈子的了！不过，刚刚已经扣掉你之前的欠款了——由于这次你造成的损失太严重，我们扣你3个月时间。”

大胡子一听这话，马上对着可笑姐姐跷起了大拇指：“你真是个好心人！要是我，非扣他30年不可！”

这么说，小墩墩已经被扣掉三个月的时间了？可是，他自己怎么一点儿感觉都没有？——哈哈，这太好了，不要钱，只要那无影无踪的时间——这有什么关系？反正他有的就是时间！

（十四）香喷喷的阅览室

“刷一下，我要一个肉松煎饼！什么？一个肉松煎饼需要付5分钟？那就5分钟吧！”

小墩墩一边熟练地输入密码，一边接过肉松煎饼津津有味地吃了起来，边吃边逛。可可城堡真是太大太大了，逛了半天，他才逛了一个阅览室——别以为他爱看书，他是循着香味去的。这儿的书，全是用美味的零食做的！就拿《快乐王子》来说吧，书页是脆脆的薄饼，文字是香香的芝麻，插图更是五花八门：小燕子是美味的牛肉干做的，快乐王子的衣服上缀满了红红绿绿的葡萄干……

从头看到尾，从第一页吃到最后一页，快乐王子身上的红宝石、蓝宝石、金叶子都分给谁了，他没记住，但他记住了这本书香香脆脆、甜甜美美的味道。他还想再吃一本，可是，他已经饱嗝不断了。这半天他的嘴巴就没停过，肚子被撑得滚圆滚圆……

可是，其他书更好吃，味道更浓烈！

你看《仙鹤国王》，书页是干鱼片，文字是炸粉条，插图更迷人——原野是油炸的海草，鲜花是色彩缤纷的魔鬼糖，仙鹤是白巧克力加黑巧克

力，国王与首相的礼服上飘着炸鸡翅的浓香……

书比一般零食贵得多了，一本要付2个小时。可是，这又有什么关系？要知道，他的储蓄卡里有整整120年的时间！

如果学校里的课本也能吃，那他就根本不讨厌读书了！唉，现在的老师，只知道逼着孩子们读书写作业，根本不知道把书本变成零食，变得好吃，真是太傻了呀！

问题大了！小墩墩忍不住又大口大口地吃了起来。平时那么不爱看书的小墩墩，现在看了一本又一本，吃了一本又一本，根本停不下来。吃到最后，他感觉肚子里的食物都要堆到喉底了。他站不起来，只好捧着肚子坐着。哇呀呀，不好，食物真的堆到喉底了！他一阵胸闷，嘴里冒出一连串难闻的气泡，紧接着一股酸臭黏稠的液体从喉底直喷出来，把他跟前的一堆书本喷得一塌糊涂……

（十五）大胖子小叔叔

整整一个月时间，他才把各个场馆逛了个遍，也把各种各样的零食吃了个遍，他的身体也越来越横向发展了。管他呢，美味的零食才是一切，胖点儿有什么关系？小墩墩时不时掏出时间储蓄卡，刷刷刷，刷刷刷……这时间储蓄卡，真是宝贝！他根本想不到，他的时间还可以换吃的换玩的！他更想不到他竟有这么巨大的一笔财富，简直是取之不尽、用之不竭！

“广场音乐会开始啦，快来啊！”

这一天，小墩墩正在一楼的儿童游乐场快乐玩耍，突然听得外头有人

大声嚷嚷，小朋友们马上一窝蜂地向外跑去。

音乐会有什么好听的？小墩墩只对吃感兴趣。他一边嚼着鲜美的鱿鱼片，一边大呼小叫地滑下滑梯。

偌大的游乐场只剩下他一个人了。

可可城堡的音乐会肯定是别具一格的吧，至少也应该跟吃有关，跟玩有关。钢琴是蛋糕做的？飘出的音符会变成炸薯条或爆米花？小朋友们能在大提琴上滑滑梯？……

嘿，去看看不就得了！

小墩墩急急忙忙向外跑去，不小心撞到一个胖叔叔身上，小墩墩被撞得倒退了好几步，一时间收不住脚，一屁股跌坐在地上。

小墩墩自以为很胖，平时和人相撞时，他总是占大便宜，可是在这位超级大胖子面前，那真是小巫见大巫了——大胖叔叔整个人就像一个扁球，他的眼睛只能看到自己的肚子，根本无法看到自己的脚。其实，相对于那样肥胖的身子，脑袋和四肢都可以忽略不计。

小墩墩根本想不到，人还可以胖成这个样子！

“谁撞我了？皮痒痒了是不？”胖叔叔捂着腮帮子，含糊不清地吼道。那样子像是闹牙疼，可他的嘴里还叼着一根棒棒糖，“咂巴咂巴”吮吸得有滋有味！他团团转着，竟没发现坐在地上的小墩墩。

小墩墩本来火冒三丈，可是被胖叔叔这么一吼，愤怒的火焰一下子被彻底浇灭，他结结巴巴地说：“叔叔，是您——撞的我——”

“你这小子！”这下，胖叔叔看到他了，大踏步向他走了过来，从嘴里拿出棒棒糖，生气地挥舞着，“叔叔？我才8岁，比你还小呢，你叫我‘叔叔’！我喊你‘爷爷’好不好？”

小墩墩惊愕地瞪着他——胖叔叔嘴里一颗牙齿都没有，那张开的大嘴就像一个黑乎乎的小山洞，说话严重漏风！

碳酸饮料是怎么做出来的，喝多了会怎样

少喝！少喝！得不偿失啊！——碳酸饮料中除糖类能给人体补充能量外，几乎不含营养素，喝多了还会造成钙质流失！常见的碳酸饮料有：可乐、汽水。可乐配方：水＋阿斯巴甜＋甜蜜素＋焦糖色素＋柠檬酸＋苹果酸＋可乐香精＋碳酸氢钠……你自己也可以试着做一做呢！

小墩墩吃力地站起身，赶忙逃跑。这个人脑袋有毛病——下巴上都有胡子了，声音都这么粗了，牙齿都掉光了，还说自己才8岁，谁信啊！

小墩墩跟着潮水一般的人流，来到了广场上。一路上，他都快被挤死了，想不到来来往往的都是大胖子，在他们中间，他还算是苗条的了！

可是，各个场馆的工作人员，比如可心姐姐、可笑姐姐，她们倒是一点儿都不胖呢。为什么呀？

（十六）广场音乐会

来不及多想了，他的眼睛根本忙

不过来了！这一个多月，小墩墩一直在各个房间、展厅逛来逛去，还没迈出大门一步呢。跑到广场上，他才知道可可城堡有多大——五座高大宏伟、金碧辉煌的大楼依山傍水而建，每一座都像豪华的王宫！五座大楼之间是彩虹般的天桥，把它们联成一体，就像五个巨人手拉着手围成一圈，那中央的大片空地，就是可可城堡的中心广场。

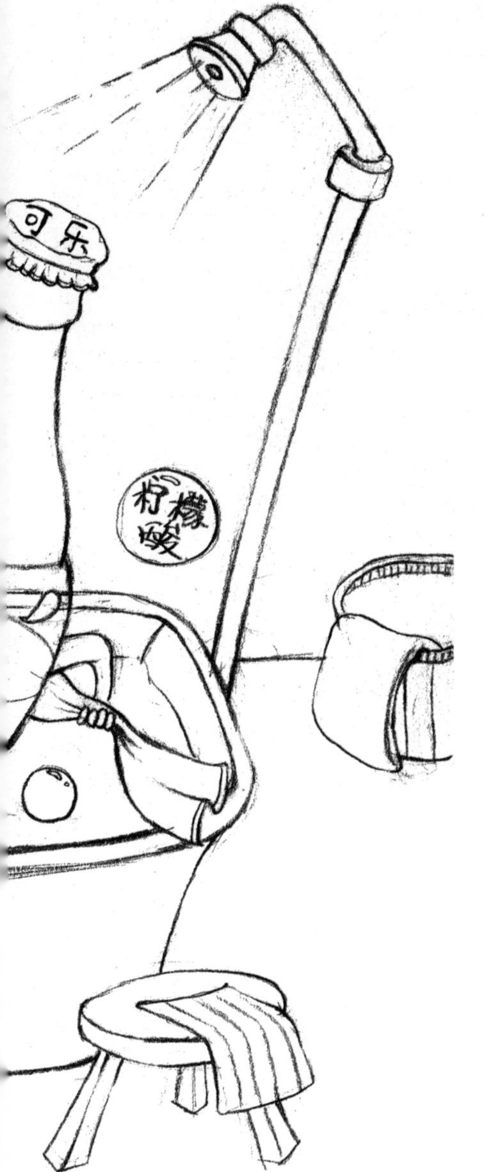

小墩墩自以为已经把可可城堡逛了个遍。实际上，他逛来逛去，根本没离开过A座楼，就是背靠大山的那一座。

哇哦，太壮观啦！

广场中央，是几个巨大的喷泉，喷的全是花花绿绿的果汁饮料：黄澄澄的是橙汁，红艳艳的是西瓜水，泛着雪白泡沫的那是雪碧，黄里透着棕红的那是冰红茶，绿汪汪的应该是苹果汁……

这么壮观的果汁、饮料喷泉，小墩墩还是第一次看到。他刚刚吃了太多鱿鱼片，正口渴呢，那就喝个痛快吧！

一样样地喝过来，喝到最后，肚子像吹足了气的气球，鼓胀鼓胀，眼珠子直往上翻，饱嗝持续不断，各种味道的气泡从他喉底接二连三地冒了出来。

小墩墩一屁股坐在地上，打算好好休息休息。这时，一个苗条的小姐姐来到他身

旁，手拿一个刷卡机，柔声说：“小朋友，机器显示，你刚刚喝了一升饮料……”

她还没说完，小墩墩马上递过时间储蓄卡，不耐烦地摆摆手：“刷吧刷吧！”

喷泉对面飘来一阵美妙的小提琴曲。啊，音乐会开始了！

小墩墩急急忙忙跑了过去。乖乖，可可城堡的音乐会还真是与众不同。乐器跟平常的倒没什么两样，那飘出的音符却有着茶香、奶香、肉香……他们都在琴弦上抹了什么呀？最最奇妙的是，一群声控玩偶会随着音乐声翩翩起舞，舞着舞着，它们就会像变魔术一样变出一堆堆诱人的零食！

哈哈哈，这是什么糖果？做成一朵朵红的花、紫的花、黄的花，飘着玫瑰、米兰的清香。来一个，嗯，好吃好吃！咦，这是什么蜜饯？晶莹剔透，就像宝石一般！尝一个，哇，不错不错！酸酸甜甜的，别有滋味。哎呀呀，这是现炸的蛋黄南瓜片吧，真是太香了啊……

“喂喂喂，大伙儿别急着吃，可人姐姐教我们跳拉丁舞啦！”

“哇哦，可人姐姐来啦！”

随着一阵闹哄哄的吵嚷，一个头戴王冠、身穿洁白公主裙的小姐姐一

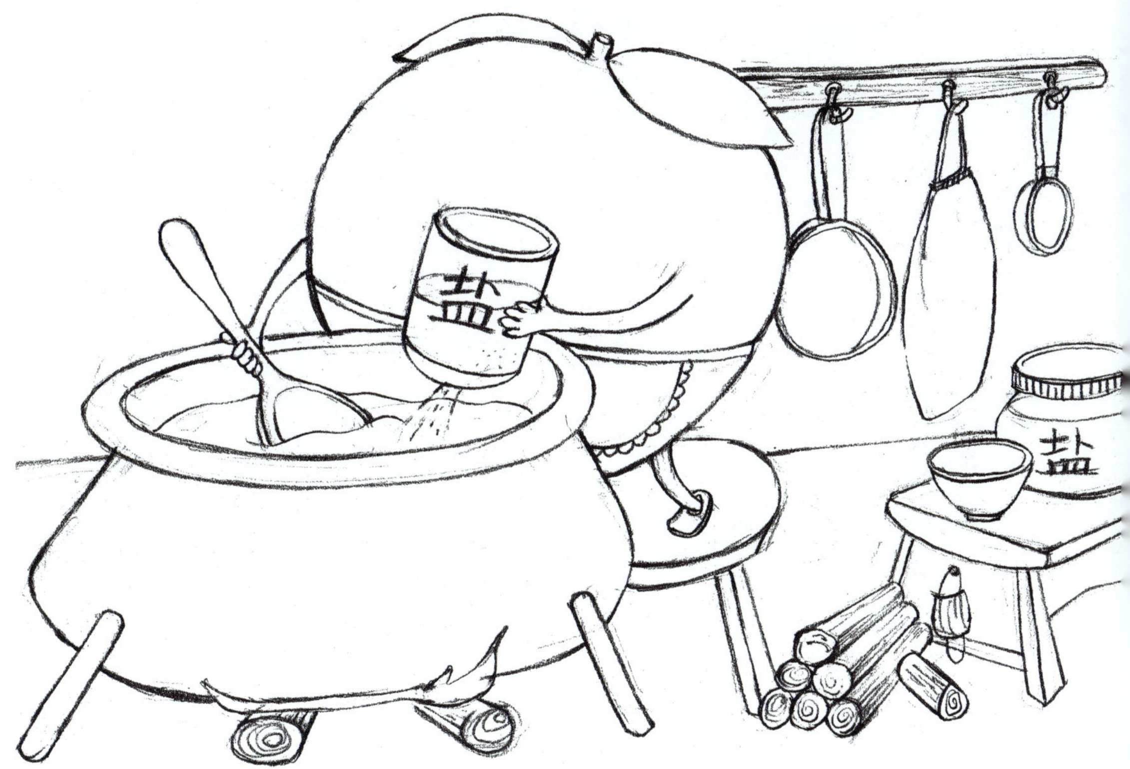

蜜饯的成分及危害

想不到吧——蜜饯虽然口感酸甜，却含有大量的盐分！一包甜津津的苏式话梅里约有13.5克盐，远远超过小朋友3天的食盐摄入标准！还有呢，散装蜜饯原料不卫生，吃了容易拉肚子，造成肠胃疾病。尽量少吃哦！

路旋转着来到了广场中央，音乐顿时变得热烈、高亢，大伙儿的欢呼一浪高过一浪。

“可人姐姐，你太漂亮了耶！”

“可人姐姐，你真是一个天使！”

没错，这个可人姐姐眼睛大大的，长得很像好莱坞电影明星赫本，整个一个小天使。

“来来来，跟我跳起来！摆摆手呀，抬抬脚，跳呀么跳起来！扭扭腰呀，抬抬肩，乐呀么乐起来！”

就那么几个简单重复的动作，却把大伙儿乐翻了，因为这是天使一般的可人姐姐教的！小墩墩也兴奋地蹦啊跳啊，乐个不停。等音乐会一结束，他竟发现，他饿了！在可可城堡，他的肚子从来就是饱胀饱胀的。

这太好了，又可以放开肚皮胡吃海喝了！

这一天，小墩墩记不清自己到底吃了多少零食，喝了多少饮料；他也不记得自己到底刷了多少次时间储蓄卡，反正那三分钟五分钟，没什么大不了的。可笑姐姐说了，他这卡里有整整120年的时间呢！那几分钟，不过是大海里的几滴水罢了，有什么关系！

（十七）别把我当傻子！

这样的日子过去多久了？小墩墩不知道。

刚开始的那几天，他还有点儿担心爸爸妈妈会找他，但这些担心在可可城堡花花绿绿的零食面前，简直不堪一击。他这个人啊，看到零食就会

忘掉一切，看到玩具也会忘掉一切，更何况这儿好吃好玩的东西那么多，花样百出，让他应接不暇。特别是A座楼，简直就是儿童天堂，小墩墩那是百逛不厌。就说他住的那些小屋吧，今天是面包床肉松被子，明天是糖果床蛋糕被子……屋里的摆设一天一个样，全是各种各样美味的零食做成的；而且，你想住哪一间就可以住哪一间！

现在，他几乎想不起他是从哪儿来的了！在这么一个天堂一般的可可城堡里，在这么一个想咋吃就咋吃、想咋玩就咋玩的童话王国里，他干吗还要想他是从哪儿来的？

可惜啊，那个会生气爱吵架的“弹簧玩具”被小铅条抢去了，不然，他就带它一起玩！那“弹簧玩具”太有趣了，说不定就像小果果说的，是一个神奇的小精灵呢！

这一天，小墩墩玩够了游乐场的所有玩具，不知不觉又朝可心坊踱了过去。他是有些日子没去可心坊了——那儿是香香甜甜的巧克力王国，那儿还有一个漂亮、可爱的可心姐姐，她一直对小墩墩关爱有加……

刚到可心坊门口，小墩墩就亲热地大喊起来：“可心姐姐，好久不见！有什么好吃的，快拿给我瞧瞧！”

可心姐姐惊诧地看了他一眼，递过一包糖果，包装袋上印着灿烂的星空。她以一贯的热情大声招呼：“吃吧吃吧，可可城堡的最新产品‘星星糖’，好吃看得见！”

星星糖？可心坊又有新花样了！好啊好啊，糖果薯条什么的他都吃腻了，感觉越来越没味道，巴不得尝尝新呢。

小墩墩迫不及待地拆开星星糖，突然间眼前一亮——我的天，那些糖果闪着五颜六色耀眼的光芒！怪不得叫“星星糖”！

小墩墩急忙抓了几颗放进嘴里——怎么回事儿？这些星星糖嚼起来就像草根！

不止星星糖，小墩墩觉得可可城堡的很多零食味道都大不如前了。

他终于忍无可忍了。

“喂喂喂，这糖果怎么都不甜？”他一甩手，把袋子“啪”地砸到柜台上。“星星”顿时滚落开来，整个屋子都在闪光！

“怎么会呢？”可心姐姐捡起一颗，观察了好一会儿，“都是同一个厂子出来的嘛！”

她递过一块巧克力，堆起一脸笑意：“要不，你尝尝这个，特浓牛奶

巧克力。”

小墩墩一把抓过巧克力，一咬一大块，鼓着腮帮子大吃大嚼起来。可是，不对呀，吃着感觉像泥土呢！还那么硬，差点把他的牙齿给咬崩了。

吃这样的东西，哪能不闹牙疼！

“哎呀呀，这是巧克力吗？你们专拿假货骗我！”他气冲冲地把巧克力摔到可心姐姐跟前。虽然他不在乎付那几分钟时间，但谁也不要把他当傻子，以为他什么味道都吃不出来。

“亏我还叫你可心姐姐！你以为我是白痴啊？”小墩墩一边说着，一边还捋起了袖子，“老子可不是好惹的！”

他什么时候变成“老子”了？可是，这个词儿就这样自然而然地从他嘴里蹦了出来。他被自己吓了一大跳。他的脾气真是越来越大了，胆子也越来越大了。可是没办法，他无法控制自己。最最可怕的是，他现在讲话总是粗声粗气的，一开口就像要吵架。

（十八）童年不见了

可心姐姐愣住了：“这位大哥，你你——说什么呀？”

可心姐姐竟认不得他了。他是有一段时间没过来了，可也不至于如此陌生呀！

“大哥？”小墩墩吓了一大跳，“我才8岁，你叫我大哥？我叫你阿姨好不好！”

这话一出口，他自己都觉得熟悉——谁跟他说过的？

“我是小墩墩！庞敦！”说着，小墩墩把时间储蓄卡“啪”地砸到柜台上。卡上用六种语言（中、英、法、西班牙、俄、拉丁文）写着“庞敦”这个姓名，中文在最前头，可可城堡里多的就是中国人。

“小墩墩！你怎么成了这个样子？”可心姐姐吓了一大跳，把小墩墩从头到脚看了一遍，然后递过一面镜子，摇了摇头，“见过长得快的，可没见过长得这么快的，你——你——自己照照吧！”

小墩墩根本不认识镜子中的那个人。那人就像个成熟的大小伙子，喉结突破重重叠叠的肌肉，不屈不挠地向外突出，下巴上都长出黑黑的胡子了……怪不得这些天他总觉得自己的身体怪怪的。可是，可可城堡美味的零食多得他都吃不过来了，哪顾得上自己的身体变化？各式有趣的小屋一间间地住过来，五花八门的游乐场一个个逛过来，睡觉都没时间呢，哪有时间照镜子！

镜子里的那个人小墩墩越看越不顺眼，特别是那牙齿，脏兮兮黑乎乎的，像是有无数细菌在吞吃他的牙板。他是闹过几天牙疼，可是也不至于把牙蛀成这样！

“怎么会这样？这镜子在捣鬼！”小墩墩根本不相信自己的眼睛，更不相信手里的这面镜子，他把它高高地举起，就要往地上摔去。

“住手！”可心姐姐大喝一声，“你干什么呀？你在这儿消费的都是

时间呀。你一定是整天吃个不停，把你整个儿童时代都消费掉了！在可可城堡，这样的人我见得多了！”

“怎么可能？”小墩墩激动地大叫起来，“每次也就刷一两分钟，最多三五分钟，要知道，我的卡里有整整120年的时间！”

可心姐姐意味深长地笑了：“即使有整整120年，也经不起你整天整天地刷啊。你到这儿也快半年了吧？这半年的住宿费、水电费、培训费什么的都是自动扣款的。想想吧，你们的房间，一天一个样，该是多大的开销呀……”

哦，这些都要钱！

“哪有什么培训呀？还培训费！”小墩墩眼珠子鼓胀鼓胀的，快要从他的眼眶里喷射出来了。

可心姐姐吃惊地看着他：“你连这个都不知道？——可人姐姐教你们跳拉丁舞，可信姐姐教你们做蛋糕，可爱姐姐教你们做果冻、做魔鬼糖……她们都是很辛苦的呀！”

哦，原来这些都是要付钱（时间）的，小墩墩还以为都是免费的呢！早知道，还学什么学？只要有零食吃，天塌下来他都可以不管，还要什么学习培训？

（十九）升级啦！升级啦！

这么说，他真的把整个儿童时代都消费掉了？

这可怎么得了？

做孩子多好！不用干活，有那么多人宠着，可以动不动就“童言无忌”，可以时不时地冒冒傻气……

“你赔我童年！你赔我童年！”突然，小墩墩直冲上前，一把拎起可心姐姐，大吵大闹起来。

现在的小墩墩可不是以前的小屁孩了，可心姐姐被他拎得双脚离了地儿，双手惊恐地挥舞着：“救命啊！救命啊！”

“怎么啦怎么啦！”外面的大个头保安听得里头的吵闹，赶紧握着警棍冲了进来。小墩墩一看那架势，马上放下可心姐姐，乖乖地举起双手：“我投降，别打我！”

瞧他现在这熊样！在羊面前是老虎，在老虎面前马上又变成了羊。

可心姐姐看他那可怜兮兮的样子，赶紧对大个头保安说：“饶他这一回吧！

别看他长成一副大哥的模样，实际上还是个小弟弟呢！”

“看在可心妹妹的分上，饶过你。下次小心！”大个头保安敲敲小墩墩的脑袋，骂骂咧咧地走了。

小墩墩傻傻地看着他的背影，突然间眼泪“叭嗒叭嗒”直往下掉。

想想他刚到可可城堡的那阵子，多么快乐，多么幸福！

他这是怎么啦？

天堂怎么一下子就变成地狱了？

“哭什么呀？没什么大不了的！”可心姐姐亲热地拍拍他的肩膀，好像什么都没发生过。

“我的童年都没了，能不哭吗？”小墩墩越想越伤心。他还以为他消费的都是晚年的时光呢。那样老态龙钟、风吹就倒的日子，不过也罢！谁想得到会是这样！

“呜呜呜——”小墩墩号啕大哭，鼻涕眼泪一起奔流，看起来惨不忍睹。

可心姐姐温柔地替他擦干泪水，嗔怪道：“你呀！说你什么好呢？你的童年还在的呀！你瞧你瞧，不用干活，想吃啥就吃啥，住在这么一个童话王国里，没有作业，没有唠叨……在这儿，你过的永远都是童年啊！”

那倒是，这儿的生活确实很自由很爽快。

管他呢，快乐就是一切，快乐就是真理。

“可是，这儿的零食越来越难吃了……”小墩墩捡起地上的那块巧克力，又回到了最初的话题，“你瞧，这巧克力，吃起来像泥土！”

“哪能啊！我们的零食永远都好吃！可可城堡，可口可心！”

可心姐姐说着，接过巧克力仔细看了看，然后一拍脑袋，惊叫起来：“啊，你的口味升级了！得去B座楼，那儿专门招待美食家，这边只能应付小娃娃……”

“你早说嘛！”小墩墩迫不及待地打断她，一溜烟往外跑，“好，去B座楼！”

可心姐姐看着他那山一样的背影，摇了摇头：“还说自己才8岁，口味就重到这个地步了，谁信啊……”

（二十）“零食炸弹”

“你好！欢迎光临！我是可行小弟，很荣幸为您服务！”

刚刚跑进B座一楼大厅，马上有一个圆脸小男生迎上前来，殷勤地把小墩墩带到四楼，滔滔不绝地介绍说：“世间美味全聚在这儿了！——这边是麻辣汇，能把你麻得飘飘欲仙，辣得死去活来！那边是水族馆，想吃海鲜的朋友有福了！还有，这儿……”

小墩墩之前也到过这儿，可是一见这些无趣的服务生，他就不想再逛下去了。

“去去去！”小墩墩不耐烦地摆摆手，“谁要这些大人的玩意儿！一吃就饱，有啥吃头？我要那些可以整天整天吃的零食——炸得香喷喷的鸡腿，烤得金灿灿的鱼片，泡得辣歪歪的鸡爪，煎得脆生生的春卷……”

“有有有！18楼‘美食林’包你吃得过瘾！”可行小弟点头哈腰，就像小墩墩的贴身小仆人，“什么味道的零食都有！新奇，刺激，要多香就多香，要多脆有多脆，要多爽口就有多爽口！不过——”

小墩墩最恨说话吞吞吐吐的人，他把脸一沉：“有话就说，有屁就放，瞧你那不爽快的样子！”

小墩墩猛地捂住自己的嘴巴——他什么时候学会说粗话了？

可行小弟一下红了脸，不好意思地说：“美食林的价格有点儿贵，是楼下的5倍……”

“5倍就5倍！只要好吃，什么都行！”小墩墩掏出时间储蓄卡在可行小弟面前晃了晃，“有整整120年时间呢！我也不耐烦活那么长，你说那老态龙钟的有啥意思！100年就够了！”

小墩墩竟然忘了，时间储蓄卡消费的并非一个人的晚年时光。

到了18楼，刚刚跨出电梯，只听“砰”的一声，一颗“炸弹”不偏不倚地落在他跟前，“轰”地爆裂开来，差点把他吓晕过去！

可是，他定睛一看，“炸弹”里头竟藏着各种各样美味的零食！

他们竟是这么欢迎客人的！

这个“炸弹”，小墩墩吃得那叫过瘾！——嘎嘣脆，喷喷香，麻麻辣，酸酸甜……什么味道都有！浓烈，刺激，够味！

这样的“炸弹”，小墩墩还巴不得多挨几个呢。

“5倍就5倍！有什么关系？我卡里有整整120年呢！”小墩墩边吃边嘟囔，含糊不清，跟咀嚼的声音没啥两样。

（二十一）死了253次！

B座18楼其实就是一个巨型玻璃房，房里阳光充足，树木丛生，简直就像原始森林。“森林”里还有很多可爱的桌子椅子、蘑菇般的小伞、奇形怪状的小木屋。小墩墩现在就坐在一座花蕾一般的小木屋前，享用那突如其来的“零食炸弹”。

“你瞧，这是棕榈，叶子像不像蒲扇呀？对了，蒲扇本来就是棕榈叶做的。那是香蕉，一年四季都能结果，你看那一串串的，多诱人！香蕉本来是热带植物，但在我们的玻璃房里，什么植物都能生长……”

可行小弟指着四周的树木，滔滔不绝地介绍起来。

突然，有几个荷枪实弹的士兵雄赳赳气昂昂地朝他们走来，小墩墩吓得赶紧逃跑，可行小弟一把抓住他，讥讽道：“瞧你那胆子，没芥菜籽大！怕什么？——这是玩打仗，子弹都是零食做的！”

“零食做的？”小墩墩一听，马上来了兴致，“我也要玩！我也要玩！哈哈哈，来来来，向我开枪！统统向我开枪！”

他尝过“炸弹”的甜头，停不下来了！

可行小弟马上把他“全副武装”起来，军装的前胸后背都有一个透明的护心圆盘，可行小弟指指护心圆盘，一再嘱咐：“千万别让他们打中这儿！不然，你就‘死’了！注意哦，输的那一方要为整场战争买单。”

“知道知道！”小墩墩不耐烦地推开可行小弟。他身上挂满了零食子弹，真舍不得把它们装入枪膛啊！

第一仗打下来，小墩墩身上中了几千弹！没见过这样打仗的——他根本不费心守卫阵地，甚至连枪都没端起来，两只手掌一前一后紧紧护住护心圆盘，还大声叫嚷：“向我开枪！向我开枪！”最后，“敌人”实在忍无可忍，直冲上前，掰开他的手掌，举起枪，直接对着护心圆盘“砰砰砰”地一阵猛打。最后，小墩墩的前后护心圆盘上各有数字显示：121，132——也就是说，他已经死过253次了！

阵地就在他这一角被攻破，他的“战友”怒发冲冠，也纷纷端起“机关枪”，对着他好一阵扫射，这个说：“去死吧！”那个说：“你这小子，这一仗全毁在你手里了！你一个人买单吧！”

买单就买单！要知道，报酬相当丰厚——瓜子糖、彩虹糖、魔鬼糖、

聪明豆、香辣鱼丸、油炸肉丸……这些千奇百怪的零食子弹，在他身边堆起三尺高，差点儿把他给埋了呢！

可可城堡的日子，每一天都这么新鲜，都这么刺激！现在，小墩墩早已经把家、把梧桐小学忘得一干二净了。他还以为他从来就是生活在可可城堡的，他甚至连小果果和小铅条都不记得了，更不用说那个只见过一面的“弹簧玩具”了——他当然不会知道，它是神行小精灵卡布丁，来自遥远的卡罗比星球，在将来的某个危急时刻，它会彻底扭转他的命运……

我的天，我的衣服怎么又瘦了！什么，你说是因为我暴饮暴食？什么，这样吃下去还会健忘、高血压、胃病……？别吓唬我！我每顿只吃三碗肉，每周只吃七天零食，至于嘛！

图书在版编目（CIP）数据

神行精灵卡布丁——可可城堡 / 鹤矾著；童画小巫，贾佳绘. -- 杭州：浙江人民美术出版社，2016.6
（啄木鸟食品安全科普系列丛书）
ISBN 978-7-5340-4964-4

Ⅰ.①神… Ⅱ.①鹤… ②童… ③贾… Ⅲ.①食品安全—少儿读物 Ⅳ.①TS201.6-49

中国版本图书馆CIP数据核字（2016）第124895号

责任编辑　楼姗姗
彩色绘画　童画小巫
黑白绘画　贾　佳
美术策划　陈志正
责任校对　黄　静
责任印制　陈柏荣

神行精灵卡布丁——可可城堡

鹤　矾　著

出版发行：浙江人民美术出版社
地　　址：杭州市体育场路347号
网　　址：http://mss.zjcb.com
电　　话：0571-85170689
制　　版：杭州真凯文化艺术有限公司
印　　刷：浙江新华数码印务有限公司
开　　本：710mm × 1000mm　1/16
印　　张：7
字　　数：56千字
版　　次：2016年6月第1版 · 第1次印刷
书　　号：ISBN　978-7-5340-4964-4
定　　价：28.00元